zahorí
BOOKS

LA GEOMETRÍA

EL ORDEN

EL UNIVERSO PARECE DESORDENADO,
PERO SIGUE UN ORDEN MILIMETRADO.
LOS PLANETAS Y LAS ESTRELLAS SE HAN CREADO
UNIENDO PARTÍCULAS CON EXTREMO CUIDADO.

LOS ÁTOMOS ESTÁN ORDENADOS
EN TRIÁNGULOS, PIRÁMIDES Y CUADRADOS.
LA GEOMETRÍA ES EL DIBUJO SAGRADO
QUE EL UNIVERSO HA ELEGIDO PARA SU FORJADO.

DE LA MISMA MANERA QUE EL ORDEN
DE LAS LETRAS DA SENTIDO A LAS PALABRAS,
LA DISPOSICIÓN DE LOS ÁTOMOS EN EL ESPACIO
DA SENTIDO A LA NATURALEZA.

«El universo está escrito en el lenguaje de las matemáticas
y sus caracteres son triángulos, círculos y otras figuras
geométricas, sin las cuales es humanamente imposible
entender una sola de sus palabras».

GALILEO GALILEI
ASTRÓNOMO Y FÍSICO ITALIANO

LA ESFERA
LA PROTECCIÓN

LA ESFERA ES LA MÁGICA GEOMETRÍA
DE BURBUJAS, PLANETAS Y SEMILLAS.
SU FORMA REDONDA, SÍMBOLO DE PERFECCIÓN,
PROTEGE LO QUE ATESORA EN SU INTERIOR.

LA ESFERA SE MUEVE CON LIBERTAD,
NECESITA ESPACIO PARA PODER VOLAR.
LA SEMILLA RECORRE EL MUNDO CON ILUSIÓN.
EL SECRETO DE LA VIDA ESTÁ EN SU INTERIOR.

EL CÁLIDO Y REDONDEADO VIENTRE MATERNO.
¿EXISTE UN LUGAR MÁS MÁGICO Y BELLO?

«Prométeme que
siempre te vas a querer
como te quiero yo».

ISABEL ALLENDE
ESCRITORA CHILENA

EL HEXÁGONO
LA UNIÓN

EL HEXÁGONO FORMA UN PODEROSO PATRÓN
IDEAL PARA TRABAJOS DE CONSTRUCCIÓN.
SUS SEIS LADOS PERFECTAMENTE ENCAJADOS
CONSTRUYEN FUERTES REDES Y TRAJES ACORAZADOS.

LAS ESCAMAS HEXAGONALES DE LA SERPIENTE
FORMAN UNA PIEL FLEXIBLE Y RESISTENTE.
LAS CELDAS HEXAGONALES DEL PANAL
ALMACENAN MIEL PARA LA ÉPOCA INVERNAL.

TODOS LOS ORGANISMOS ESTAMOS CONECTADOS
Y COLABORAMOS PARA SOBREVIVIR.

«La fuerza de la manada es el lobo,
y la fuerza del lobo es la manada».

RUDYARD KIPLING
ESCRITOR BRITÁNICO

EL PENTÁGONO
LA APERTURA

**EL PENTÁGONO TIENE CINCO LADOS;
LOS HAY CÓNCAVOS, CONVEXOS, ESTRELLADOS…
LOS ÁNGULOS DE ESTA PUNTIAGUDA GEOMETRÍA
SE ABREN HACIA EL EXTERIOR CON VALENTÍA.**

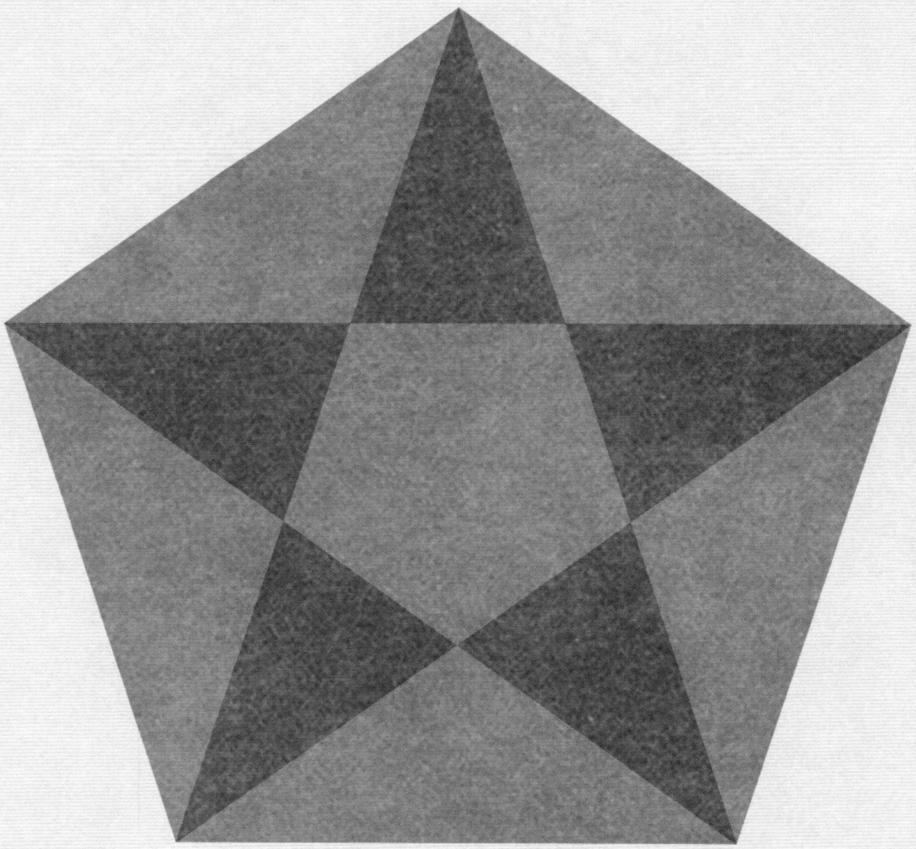

CINCO SEMILLAS EN FORMA DE ESTRELLA
SE PREPARAN PARA BROTAR EN PRIMAVERA.
CON LA CABEZA Y LAS EXTREMIDADES, NUESTRO CUERPO
ABRAZA LA GRANDEZA DEL UNIVERSO.

EN LA NATURALEZA EXISTE UNA MISTERIOSA FUERZA
QUE SOLO QUIERE VIVIR.

«Vive como si fueras a morir mañana,
aprende como si fueras a vivir siempre».

MAHATMA GANDHI
PENSADOR Y POLÍTICO PACIFISTA INDIO

LA SIMETRÍA

EL ESPEJO

UN OBJETO, PLANTA O ANIMAL ES SIMÉTRICO, SI PUEDES DIVIDIRLO EN DOS PLANOS IDÉNTICOS. LA SIMETRÍA ES COMO UN ESPEJO DONDE CADA MITAD PUEDE VER SU REFLEJO.

LA SIMETRÍA ES UN TRUCO INTELIGENTE
QUE LA NATURALEZA USA CONSTANTEMENTE.
OBSERVA CON ATENCIÓN A TU ALREDEDOR.
¿VES LA SIMETRÍA DE LA MARIPOSA Y LA FLOR?

LA NATURALEZA ES UNA CREADORA RIGUROSA
Y ENORMEMENTE INGENIOSA.

«Se dice que ningún árbol puede crecer hasta el cielo
a menos que sus raíces lleguen al infierno».

CARL GUSTAV JUNG
MÉDICO Y PSICÓLOGO SUIZO

EL PATRÓN
LA REPETICIÓN

**UN PATRÓN REPITE DE MANERA ORDENADA
CUALQUIER FORMA, MANCHA O RAYA.
LA NATURALEZA CREA PATRONES FASCINANTES
EN LOS PAISAJES, LAS PLANTAS Y LOS ANIMALES.**

PARA LOS ANIMALES SALVAJES
LOS PATRONES SON VITALES.
EL ESTAMPADO DE SUS PELAJES
ES EL MEJOR DE LOS CAMUFLAJES.

LOS PENSADORES DE LA ANTIGUA GRECIA EMPEZARON A ESTUDIAR LAS REPETICIONES QUE ENCONTRABAN EN LAS PLANTAS, LOS ANIMALES Y LOS PAISAJES PARA DESCUBRIR EL ORDEN DE LA NATURALEZA.

A DÍA DE HOY, LA MAYOR PARTE DE LAS LEYES DE LA NATURALEZA Y DEL UNIVERSO SIGUEN SIENDO UN GRAN MISTERIO.

«En algún lugar, algo increíble
está esperando a ser descubierto».

CARL SAGAN
ASTRÓNOMO, ASTROFÍSICO
Y DIVULGADOR CIENTÍFICO ESTADOUNIDENSE

EL FRACTAL
LA ESCALA

EL FRACTAL REPITE EN DIFERENTES MEDIDAS PRECISAS FORMAS Y MARAVILLOSAS GEOMETRÍAS. LA NATURALEZA UTILIZA UN MISMO DIBUJO PARA CREAR ALGO GRANDE DE LO DIMINUTO.

LAS PEQUEÑAS PARTES DE UN FRACTAL
IMITAN CON MAESTRÍA AL GRAN TOTAL.
LAS PEQUEÑAS HOJAS Y MEDIANAS RAMAS,
SON IGUALES QUE LA GRAN COPA OVALADA.

LA REPETICIÓN EN DIFERENTES TAMAÑOS
DE LAS COSAS CREA GRANDES MUNDOS
EN LO DIMINUTO Y EXPANDE EL UNIVERSO
HACIA EL INFINITO.

«Un fractal es una forma
de ver el infinito».
BENOÎT MANDELBROT
EL «PADRE DE LOS FRACTALES»
MATEMÁTICO FRANCO-ESTADOUNIDENSE

LA ONDA
EL MOVIMIENTO

LA ONDA ES LA PODEROSA GEOMETRÍA
POR DONDE FLUYE LA ENERGÍA.
PERO SOLAMENTE ES POSIBLE VERLA
CUANDO VIAJA A TRAVÉS DE LA MATERIA.

EL VIENTO CON FUERZA SOPLA
Y DIBUJA EN EL AGUA ONDAS.
LAS ONDAS DEL SONIDO VUELAN
HASTA QUE EL OÍDO LAS INTERPRETA.

¿HACE RUIDO UN ÁRBOL AL CAER
SI NADIE ESTÁ ESCUCHANDO?

REFLEXIÓN DEL BUDISMO ZEN

NO HAY RUIDO SI NO HAY NADIE QUE PUEDA ESCUCHARLO.
EL UNIVERSO ESTÁ EN SILENCIO. EL RUIDO ES UNA INTERPRETACIÓN
QUE HACE EL CEREBRO DE LAS ONDAS SONORAS.

«El único verdadero viaje de descubrimiento
consiste no en buscar nuevos paisajes,
sino en mirar con nuevos ojos».

MARCEL PROUST
NOVELISTA Y CRÍTICO FRANCÉS

LA ESPIRAL
LA EXPANSIÓN

LA ESPIRAL DIBUJA EL MOVIMIENTO
DE LA EXPANSIÓN Y EL CRECIMIENTO.
VUELTA A VUELTA SE HACE GRANDE
Y SU PODEROSO INTERIOR SE ABRE.

LAS PLANTAS CRECEN GIRANDO SUS TALLOS.
LAS GALAXIAS SE EXTIENDEN ABRIENDO SUS BRAZOS.
LA ESPIRAL ES EL PRECIOSO GIRO ETERNO
QUE MUEVE EL RELOJ DEL UNIVERSO.

SOMOS FRUTO DE UN GIRO
DEL UNIVERSO MISTERIOSO.

«El poder creativo de la naturaleza está más allá del instinto de destrucción del hombre».

JULIO VERNE
ESCRITOR, POETA Y DRAMATURGO FRANCÉS

0, 1, 1, 2, 3, 5, 8, 13, 21, 34...

$$0 + 1 = 1$$
$$1 + 1 = 2$$
$$1 + 2 = 3$$
$$2 + 3 = 5$$
$$3 + 5 = 8$$
$$5 + 8 = 13$$
$$8 + 13 = 21$$

LA SUCESIÓN DE FIBONACCI

EL CRECIMIENTO

EXISTE UNA SECUENCIA DE NÚMEROS DORADA QUE SE REPITE DE MANERA CONTINUADA. EL MATEMÁTICO FIBONACCI DESCUBRIÓ ESTA RELACIÓN OBSERVANDO LA NATURALEZA CON MUCHA ATENCIÓN.

CADA NUEVO NÚMERO DE LA SERIE ES EL RESULTADO
DE LOS DOS NÚMEROS ANTERIORES SUMADOS.
LA NATURALEZA TIENE ESTA MANERA DE SUMAR,
LAS FLORES CRECEN HASTA EL INFINITO Y MÁS ALLÁ.

¿Y SI LAS MATEMÁTICAS NO FUERON
UN INVENTO DEL SER HUMANO?
¿Y SI FUERON CREADAS POR LA NATURALEZA
Y LOS HUMANOS SOLO TRATAMOS DE DESCIFRARLAS?

«Hay un libro abierto siempre
para todos los ojos: la naturaleza».

JEAN-JACQUES ROUSSEAU
ESCRITOR, PEDAGOGO Y FILÓSOFO FRANCÉS

1,618033988 7
4989484820 4
5868343656 3
8117720309...

EL NÚMERO PHI
LA ARMONÍA

EL SECRETO MÁS GRANDE DE LA EXISTENCIA
LO DESVELARON LOS ANTIGUOS SABIOS DE GRECIA.
EL NÚMERO MÁGICO DE LA BELLEZA
VIVE OCULTO EN LA NATURALEZA.

LA BELLEZA ES LA MÁGICA MEDIDA
QUE IMPULSA LA RUEDA DE LA VIDA.
LA DISTANCIA ENTRE LAS HOJAS DE LA PLANTA
ASEGURA QUE TODAS RECIBAN LUZ Y AGUA.

LA NATURALEZA NO ENTIENDE
DE FEALDAD O BELLEZA,
PERO LA HUMANIDAD VIVE ESCLAVA
DE ESTAS IDEAS.

«Quien ha aprendido a escuchar a los árboles
ya no desea ser un árbol.
No desea ser más que lo que es».

HERMANN HESSE
ESCRITOR ALEMÁN